Serie JELU-RUEMAR

Propuestas para optimizar la enseñanza y el aprendizaje de la matemática.

CUARTO TOMO:

POTENCIACIÓN-RADICACIÓN-LOGARITMACIÓN-EXPONENCIACIÓN.

POR: Scarlet C. Rueda M

2019

PRESENTACION.

La combinación de símbolos y signos generan relaciones tales como la radicación, la potenciación, los logaritmos, los exponenciales entre otras

Los contenidos desarrollados en el cuarto volumen de esta serie, constituyen una organización de los entes matemáticos, más conocidos, vinculados mediante la "POTENCIACION", la "RADICACION", la "LOGARITMACION" y la "EXPONENCIACION". Representa una forma de mostrar la variedad de "BASES"," EXPONENTES", "CANTIDADES SUBRADICAES" y" ARGUMENTOS" que generan las correspondientes variedades de: "POTENCIAS", "RAICES"," LOGARITMOS" y "EXPONENCIALES"

Se presenta, de manera comparativa, un resumen de forma sencilla, con el fin de comprender sus aspectos básicos es decir su definición, simbología, representación, elementos, leyes, haciendo un recorrido por los diferentes entes matemáticos, con el objetivo de ofrecerlos en forma comparativa

El enfoque va dirigido a realizar bien un repaso o un estudio inicial sobre estos temas.

Por otra parte, se invita a la consulta de casos específicos para que el lector continúe desarrollando, mediante la práctica, el uso del lenguaje de la matemática; a la vez que aumenta su confianza en el autoaprendizaje de esta materia, por lo que es importante que realice las actividades indicadas a través del desarrollo de los diversos contenidos.

La autora

SEMBLANZA DE LA AUTORA

La profesora Scarlet C. Rueda M. es egresada, en la especialidad de Matemática, del Instituto Universitario Pedagógico Experimental "Rafael Alberto Escobar Lara" ubicado en la ciudad de Maracay. Estado Aragua. Venezuela.

Ha incursionado en la docencia desde el subsistema de pre escolar hasta educación superior, incluyendo educación especial. Entre los institutos donde ha desempeñado su labor se cuentan:

I.E.E Pre-escolar de Audición y Lenguaje. "Maracay".
C.P.A.P.E.P "La Candelaria".
E.B "Simón Bolívar" C.B.C "Cruz Verde"
C.B "Magdaleno"
U.B.E "José Rafael Revenga"
ESCUBAFAN
UBA
IUPFAN
IUPE" RAFAEL ALBERTO ESCOBAR LARA"
INCE-EPA
UNEFA. IUTELV. Maracay.   Entre otros...

Ha publicado otras obras certificadas tales como:
ALGEBRA LINEAL
FISICA BÁSICA
MANUAL PRACTICO DE PLANIFICACIÓN EL AULA PROYECTO PEDAGOGICO. CONTROL ADMINISTRATIVO.
El AULA: MANUAL PARA EL TRABAJO PRÁCTICO DEL DOCENTE ADAPTADO AL NUEVO CURRICULO BASICO NACIONAL. Entre otras.

Serie Jelu –Ruemar

Contenido	Nº de pagina
Potenciación-Radicación	5
Potencias	7
Raíces	17
Relación entre la potenciación y la radicación	24
Logaritmación	31
Exponenciales	34
Relación entre logaritmos y exponenciales	41

POTENCIACION_RADICACION

Recordando que una suma reiterada se abrevia con la multiplicación, es decir a+a+a+a…+a , n veces es abreviado como na.

Análogamente una multiplicación reiterada se abrevia con la POTENCIACIÓN esto es a.a.a.a…..a n veces es abreviado como a^n.

Por otra parte, así como la definición operacional de la sustracción se genera desde la adición, por lo que se enuncia así: la sustracción consiste en sumar al minuendo el opuesto del sustraendo.

La definición operacional de la división se genera desde la multiplicación, por lo que se dice que la división consiste en multiplicar el dividendo por el inverso del divisor.

La RADICACIÓN se genera desde la potenciación es decir buscar una raíz es buscar un número que elevado al índice radical genere la cantidad subradical o lo que es lo mismo buscar la base de la potencia de exponente el índice de la raíz cuyo resultado sea la cantidad subradical.

El termino RELACION en matemática no es más que una correspondencia o una vinculación entre elementos. Así cada radical se asocia o vincula con su raíz, cada incógnita en los exponenciales con el valor o valores que satisfacen la igualdad o la desigualdad según sea el caso.

A continuación, se presentan las relaciones potenciación y radicación en forma breve y con enfoque comparativo, seguidamente, los logaritmos, exponenciales.

POTENCIACION

Definición: Es la abreviatura de la Multiplicación reiterada.

En general esto es : a.a.a.a.a...a n veces se abrevia a^n que se lee "a elevado a la n" donde;

a se denomina base y es el factor que se multiplica consigo mismo.

n. se denomina exponente y este indica el número de veces que la base se estará multiplicando o aparece como factor.

Podemos encontrar gran variedad de potencias según sus bases y sus exponentes entre ellos:

1) Base positiva exponente par donde la potencia es positiva. $((+a)^{2n})$ por ejemplo

...) $3^4 = 3.3.3.3 = 81$

...) $\left(\dfrac{1}{3}\right)^4 = \dfrac{1}{3} \cdot \dfrac{1}{3} \cdot \dfrac{1}{3} \cdot \dfrac{1}{3} = \dfrac{1}{81}$

2) Base negativa exponente par donde la potencia es positiva. $(-a)^{2n}$ por ejemplo;

...)$(-3)^4 = (-3)(-3)(-3)(-3) = 81$

...)$\left(\dfrac{1}{-3}\right)^4 = \dfrac{1}{-3} \cdot \dfrac{1}{-3} \cdot \dfrac{1}{-3} \cdot \dfrac{1}{-3} = \dfrac{1}{81}$

3) Base positiva exponente impar donde la potencia es positiva. $(+a)^{2n+1}$.por ejemplo:

...)$5^3 = 5.5.5 = 125$

...)$\left(\dfrac{2}{5}\right)^3 = \dfrac{2}{5} \cdot \dfrac{2}{5} \cdot \dfrac{2}{5} = \dfrac{8}{125}$

4) Base negativa exponente impar, potencia negativa.$(-a)^{2n+1}$.por ejemplo

...)$(-5)^3 = (-5).(-5).(-5) = -125$

...)$\left(-\dfrac{2}{5}\right)^3 = \left(-\dfrac{2}{5}\right) \cdot \left(-\dfrac{2}{5}\right)\left(-\dfrac{2}{5}\right) = -\dfrac{8}{125}$

¿Son estos los únicos casos de potenciación?

Por supuesto que no, pues la base puede ser cualquier otro ente matemático conocido, real o complejo tales como:

1) $(10^3)^2 = (10)^3 \cdot (10)^3 = (10)^6$

Donde la base es una potencia

2) $(\log_5 25)^3 = (\log_5 25)(\log_5 25)(\log_5 25) = 2.2.2 = 8$

Donde la base de la potencia es $(\log_5 25)$

3) $\log_5(25)^3 = \log_5((25)(25)(25))$

$\log_5(15.625) = 6$ Donde la base de la potencia es el argumento del logaritmo (25)

4) $(3x)^4 = 3x \cdot 3x \cdot 3x \cdot 3x = 81x^4$ donde la base es el monomio de grado uno $3x$

5) $(5i)^3$ = 5i.5i.5i= -125i

Donde la base es el imaginario puro 5i

Habrás notado que todos los ejemplos han sido con exponentes positivos, esto no quiere decir que no podamos conseguir potencias con exponentes negativos en cuyo caso aplicamos primero la siguiente ley

$a^{-n} = \frac{1}{a^n}$ y luego desarrollar.

Notas: cabe destacar algunos casos particulares como

1) "Toda potencia de exponente uno es igual a la base" es decir a^1 = a por lo que se dice que todos los símbolos (numéricos y literales) tienen como exponente al uno

2) "Toda potencia de exponente cero y base no nula es igual a uno" esto es $a^0=1$ $a \neq 0$

Escribe las siguientes potencias e indica en cada caso las bases:

1) El cuadrado de un binomio o cuadrado de una suma

2) Una suma de cuadrados

3) El cubo de una diferencia

4) Una diferencia de cubos

5) El cuadrado de una función trigonométrica

6) El cuadrado del argumento de una función trigonométrica.

7) El cuadrado de una matriz de orden 2x2

¿Dónde se aplican las potencias?

Por su definición las potencias resultan muy útiles para simplificar multiplicaciones reiteradas. Por ejemplo:

1) El cuadrado es una figura de cuatro lados, todos de igual medida; Por lo que cuando se escribe la fórmula de cálculo de su área que es la multiplicación de la base o ancho por su altura o largo en lugar de escribir A=b.b 0 A=.h.h o A=l.l

Se escribe $A=l^2$. Luego si el lado de un cuadrado mide 5cm su área es $A=(5cm)^2 = 25\ cm^2$.

2) Análogamente al caso anterior sucede con el cálculo del volumen de un cubo, ya que el volumen es largo por ancho por profundidad y como el

cubo tiene todas esas medidas iguales entonces $V=l^3$ si por ejemplo si la profundidad de un cubo es de 15cm entonces su volumen es $V=(15cm)^3=3.375cm^3$

También se aplica la potenciación en diferentes áreas del saber cómo la biología, economía entre otras; para modelar situaciones de la vida o fenómenos según lo que estudie la ciencia que la utilice. La característica común es un "crecimiento o decrecimiento muy rápido" Por ejemplo:

3) En una determinada población los médicos han detectado entre sus pacientes la presencia de 3 bacterias y cuando los laboratoristas del departamento de investigación comienzan a hacer el estudio de las

mismas para su control observan que una colonia se duplica, la otra se triplica y la otra se cuadruplica cada hora y que al comienzo de la propagación había 100 bacterias por colonia.
¿Cuántas bacterias de cada colonia estarán contagiando a la población cada mañana?

Para modelar este crecimiento bacterial, los científicos usan la expresión $F(x) = a \cdot x^{t-1}$
Donde a representa el número inicial de bacterias;
x la tasa de crecimiento y t el tiempo.
Y considerando que una mañana son 6 horas tendríamos que:
$F(x) = 100 \cdot x^{6-1} = 100 \cdot x^5$ Por tanto el crecimiento de las bacterias será:

1) De la colonia que se duplica

$F(2)=100 \cdot 2^5 = 3.200$

2) De la colonia que se triplica

$F(3)=100 \cdot 3^5 = 24.300$

3) De la colonia que se cuadruplica

$F(4) = 100 \cdot 4^5 = 102.400$

4) Si quieres invertir 1.000.000 bs a una tasa de interés compuesto anual del 15%. ¿Cuál sería el capital al cabo de 5 años?

Los economistas usan en este caso la expresión $C(f) = C_i \cdot (1 + i)^t$ donde

$C(f)$ representa el capital final

C_i representa al capital inicial invertido

I representa a la tasa de interés compuesto

T representa al periodo de tiempo de la inversión.

Por lo o que C(f)=1.000.000 bs $(1+0{,}15)^5$

C(f)=1.000.000bs$(2{,}15)^5$

C(f)=1.000.000bs.45.940

C(f)=45.940.000

El capital final a los 5 años será 45.490.000 bs.

En situaciones de la vida diaria también es útil la potenciación, por ejemplo

4) Si te has comido la mitad de la mitad de la mitad de un pastel, esto lo expresas como $\left(\dfrac{1}{2}\right)^3$

Así para saber que parte del total del pastel te has comido solo tienes que efectuar la potencia y se obtiene $\left(\dfrac{1}{2}\right)^3 = \dfrac{1}{8}$

Te has comido la octava parte del pastel

RADICACION

Definición: Es inversa a la potenciación.

Presenta la forma

$\sqrt[n]{a}$ que se lee "raíz enésima de a" donde

$\sqrt{}$ es el signo radical

n es el índice de la raíz

a es la cantidad subradical

Así la expresión

$\sqrt[n]{a}$=b indica que

b^n=a el resultado o raíz (b) elevado al índice(n) es igual a la cantidad subradical (a).

Podemos encontrar variedad de raíces según sus índices y cantidades subradicales

Por ejemplo:

1) Índice impar, cantidad subradical positiva

...) $\sqrt[3]{8}=2$ ya que $2^3=8$

2) Índice impar cantidad sub radical negativa

...) $\sqrt[5]{-32}= -2$ ya que $(-2)^5 = -32$

3) Índice par cantidad subradical positiva

...) $\sqrt[4]{\frac{16}{81}}=\frac{2}{3}$ ya que $\left(\frac{2}{3}\right)^4=\frac{16}{81}$

4) Índice par cantidad subradical negativa no es un número real es un numero complejo

...) $\sqrt{-4}= 2i$ ya que $(2i)^2=(2i)(2i)=4.(-1)= -4$

¿Son estos los únicos casos de radicación?

Pues no ya que la cantidad subradical puede ser cualquier ente matemático real o complejo como, por ejemplo.

1) $\sqrt{2^4} = (2)^{\frac{4}{2}} = 2^2 = 4$ donde la cantidad subradical es una potencia

2) $\sqrt[3]{\log 10} = 1$ donde la cantidad subradical es $\log 10$

3) $\sqrt[7]{senx)^{21}} = (senx)^{\frac{21}{7}} = (senx)^3$
donde la cantidad subradical es una potencia de base trigonométrica.

Nota: Cuando el índice de una raíz es dos este no se escribe. o lo que es lo mismo si tenemos una raíz y no está escrito el índice sabemos que es 2.

Así:

$\sqrt{a}$ y se lee "raíz cuadrada de …"

Escribe e indica la cantidad subradical y el índice, en cada caso indicado a continuación

1) Una raíz de un producto

2) Un producto de raíces

3) Una raíz de un cociente

4) Un cociente de raíces

5) Una raíz de una potencia

6) Una potencia de una raíz

7) Una suma de raíces

8) Una diferencia de raíces.

9) Una raíz de raíz.

Aplicaciones de la radicación.

La radicación tiene una importante aplicación en estadística descriptiva, más específicamente en el cálculo de la desviación estándar pues esta medida de dispersión tan útil, se define operacionalmente, como la raíz cuadrada de la distancia de las observaciones con respecto a su promedio (la varianza). por ejemplo

1) si la varianza es del 25% al cuadrado del índice de los precios al consumidor venezolano durante 7 días, entones la desviación estándar del índice de precios al consumidor durante esos 7 días, en Venezuela seria $S=\sqrt{25}=5$

Por tanto, la dispersión del índice de precios al consumidor en Venezuela seria del 5% por semana.

La radicación es útil cuando se observa un aumento progresivo, donde la variable crece dependiendo del valor, por ejemplo, en la amortización de capitales.

2) Un caso de aplicación en geometría, y en casos sencillos de la vida es en el cálculo del valor del largo o el ancho de un terreno de forma cuadrada y área conocida. por ejemplo.
Si el área de un terreno es de $100m^2$, cual es la medida del largo y el ancho; en este caso se procede así:
L=$\sqrt{A}$ → L=$\sqrt{100m^2}$ →L=10m

Por lo tanto, el largo del terreno mide 10 m y como tiene forma cuadrada su ancho también es de 10 m.

3) De manera similar si se quiere obtener la medida de la altura de un cubo conociendo su volumen se usaría la expresión L=$\sqrt[3]{V}$.

4) También es usada en una expresión muy conocida como es el teorema de Pitágoras, para el cálculo de la medida de un lado de un triángulo rectángulo conociendo los otros dos; por ejemplo.

Dos lados de un triángulo rectángulo miden $\sqrt{2}$ cm y $\sqrt{3}$ cm respectivamente, ¿cuál será la medida de la hipotenusa?

Para obtener la medida de la hipotenusa usamos la expresión $h=\sqrt{a^2+b^2} \rightarrow h=\sqrt{(\sqrt{2}cm)^2+(\sqrt{3}cm)^2}=\sqrt{(2+3)cm^2}$

$=\sqrt{5}$ cm.

La medida de la hipotenusa es $\sqrt{5}$ cm.

En este caso cabe destacar que está combinado el uso de la radicación y de la potenciación.

La relación entre la potenciación y la radicación la expresamos más claramente con la expresión

$(a)^{\frac{m}{n}} = \sqrt[n]{a^m}$ la cual se aplica cuando tenemos una potencia con exponente fraccionario por ejemplo:

$(5)^{\frac{5}{3}} = \sqrt[3]{5^5}$ o en sentido contrario es decir

$$\sqrt[4]{\left(\frac{3}{5}\right)^8} = \left(\frac{3}{5}\right)^{\frac{8}{4}} = \left(\frac{3}{5}\right)^2 = \frac{9}{25}.$$

Si m=1

Seria $a^{\frac{1}{nm}} = \sqrt[n]{a}$

También podemos observar una similitud entre algunas leyes de la potenciación y de la radicación, en cuanto a su descripción teórica o enunciado como se muestra en la siguiente tabla

POTENCIACION	RADICACION
Producto de potencias de igual base $a^n \cdot a^m = a^{n+m}$	Producto de raíces de igual índice $\sqrt[n]{a} \cdot \sqrt[n]{b} = \sqrt[n]{a \cdot b}$
Cociente de potencias de igual base $\dfrac{a^n}{a^m} = a^{n-m}$	Cociente de raíces de igual índice $\dfrac{\sqrt[n]{a}}{\sqrt[n]{b}} = \sqrt[n]{\dfrac{a}{b}}$
Potencia de potencia $(a^n)^m = a^{n \cdot m}$	Raíz de raíz $\sqrt[n]{\sqrt[m]{a}} = \sqrt[n \cdot m]{a}$
Potencia de un producto $(a \cdot b)^n = a^n \cdot b^n$	Raíz de un producto $\sqrt[n]{a \cdot b} = \sqrt[n]{a} \cdot \sqrt[n]{b}$
Potencia de un cociente $\left(\dfrac{a}{b}\right)^n = \dfrac{a^n}{b^n}$	Raíz de un cociente $\sqrt[n]{\dfrac{a}{b}} = \dfrac{\sqrt[n]{a}}{\sqrt[n]{b}}$

Estas propiedades son útiles para simplificar rápidamente expresiones que presentan operaciones combinadas. Como, por ejemplo

1) Operaciones combinadas solo entre potencias

$\left(\dfrac{a^2.b^6.a^4}{a^3.(b^2)^3}\right)^4 = \left(\dfrac{a^{2+4}.b^6}{a^3.b^{2.3}}\right)^4$ por potencia de potencia el denominador y producto de potencias de igual base en el numerador

$=\left(\dfrac{a^6.b^6}{a^3.b^6}\right)^4$ efectuando las operaciones

$=(a^{6-3}.b^{6-6})^4$ por división de potencias de Igual base

$=(a^2.b^0)^4$ efectuando las operaciones

$= (a^2)^4 \cdot (b^0)^4$ por potencia de un producto

$= a^{2 \cdot 4} \cdot b^{0 \cdot 4}$ por potencia de potencia.

$= a^8 \cdot b^0$ efectuando operaciones

$= a^8 \cdot 1$ porque toda potencia de exponente cero es Igual a uno

$= a^8$ porque uno es neutro de la multiplicación.

2) Operaciones combinadas solo entre raíces

$$\frac{\sqrt{\sqrt[3]{45}}}{\sqrt[6]{9}.\sqrt[6]{5}} = \frac{\sqrt[2.3]{45}}{\sqrt[6]{9.5}}$$ por raíz de raíz en numerador

Producto de raíces de igual Índice en el denominador.

$$=\frac{\sqrt[6]{45}}{\sqrt[6]{45}}$$ efectuando operaciones

$$=\sqrt[6]{\frac{45}{45}}$$ por división de potencias de igual base

$$=\sqrt[6]{1}$$ efectuando operación

$=1$ obteniendo la raíz.

3) Operaciones combinadas entre potencias y raíces

$$\sqrt{\frac{2^3.3^5}{3^2.2^2}} \cdot \sqrt{2^3.3^5}$$

$= \sqrt{2^{(3-2)}.3^{(5-2)}} \cdot \sqrt{2^3.3^5}$ por cociente de potencias de

Igual base

$= \sqrt{2.3^3} \cdot \sqrt{2^3.3^5}$ efectuando operaciones

y toda potencia de

exponente 1

Es igual a la base

$= \sqrt{2.3^3.2^3.3^5}$ por producto de raíces de

igual Índice.

$= \sqrt{2^{(1+3)}.3^{(3+5)}}$ por producto de potencias

de Igual índice

Serie Jelu –Ruemar

$=\sqrt{2^4 \cdot 3^8}$ Efectuando operaciones

$=\sqrt{2^4} \cdot \sqrt{3^8}$ por raíz de un producto

$=2^2 \cdot 3^4$ obteniendo las raíces

$=4 \cdot 81$ efectuando la potenciación

$=324$ efectuando la multiplicación.

LOGARITMO

Definición: Un logaritmo es un inverso a un exponencial, de su base, es decir calcular un logaritmo no es más que buscar el exponente para la base que genere el argumento. $\log_b x = a \rightarrow b^a = x$; donde b se llama base del logaritmo, x es el argumento y a es el logaritmo.

Se conocen tres tipos de logaritmos según su base que son:

Logaritmo natural, el que tiene por base cualquier número real mayor que dos. se simboliza por $\log_a b$; a$\in\mathbb{R}$ ∧ a>1

Logaritmo decimal: es el que tiene por base al número diez. se simboliza por: logb como puede observar la base es tacita es decir no se escribe

Logaritmo neperiano: es el que tiene por base a la constante e (2.7182818182846…) .se simboliza nep loga v $\log_e a$ v Log (a)

Nota: las simbologías suelen variar según el usuario entre usar la l mayúscula o minúscula.

En cualquiera de los casos se cumplen las siguientes propiedades:

1.) Si el argumento es uno, el logaritmo siempre es cero; Loga=0 si a=1

2.) Si el argumento es igual a la base, el logaritmo es uno

    Loga=1 si a es igual a la base del logaritmo

3.) Si el argumento es una potencia de base igual a la base del logaritmo entonces el logaritmo es el exponente de esa potencia.

    $\text{Log}a^n$=n si a es igual a la base del logaritmo

4.) Si dos logaritmos de bases iguales son iguales entonces sus argumentos son iguales

$\log_a x = \log_a y \rightarrow x = y$

5.) Un cambio de base para un logaritmo es un cociente del logaritmo base nueva del argumento entre el logaritmo base nueva de la base anterior

$$\log_a x = \frac{\log_b x}{\log_b a}$$

6. El logaritmo de un producto es igual a la suma de los logaritmos de los factores

Log (a.b) = loga + logb

7. El logaritmo de un cociente es igual a la diferencia del logaritmo del dividendo menos el logaritmo del divisor

Log (a/b) = loga − logb

8. El logaritmo de una potencia es igual al producto del exponente por el logaritmo de la base.

$\log a^n = n\log a$

9. El logaritmo de una raíz es igual al producto del inverso del índice radical por el logaritmo de la cantidad subradical.

$\log \sqrt[n]{a} = \dfrac{1}{n}\log a$

Ejemplos:
- $\log 1000 = 3$ ya que $10^3 = 10 \times 10 \times 10 = 1000$
- $\log_3 81 = 4$ ya que $3^4 = 3 \times 3 \times 3 \times 3 = 81$
- $\log(1000 \times 100000)$
  $= \log 1000 + \log 100000 = 3 + 5 = 8$

EXPONENCIAL

Definición: Es una potencia de base constante, fija o conocida y exponente variable, incógnita o desconocida.

Por lo que presenta la forma a^x.

Cuando se estudia como función se presenta así

E (x)= ka^x

Cuando se estudia como ecuación presenta la forma

a^x=b donde x es la incógnita, demás está decir que el exponente que contiene a la incógnita "x", puede estar acompañado de otros símbolos y/o signos. Por ejemplo:

- ❖ $10^{(x^2+x-2)}=1 \rightarrow 10^{(x^2+x-2)}= 10^0$ por "toda potencia de exponente

    Cero es igual a uno"

$\rightarrow x^2+x-2=0$ por "si dos potencias de

Bases iguales son iguales Iguales entonces sus exponentes también son iguales

→x=$\dfrac{1\pm\sqrt{1-4.1.(-2)}}{2.1}$

→x=$\dfrac{1\pm\sqrt{9}}{2}$

→x=$\dfrac{1\pm 3}{2}$

→$x_1=2 \wedge x_2=-1$

Sol: {2,-1}   …compruebe (sustituyendo los valores obtenidos en la ecuación inicial)

- $5^{(3x^2-9)}=1$ es muy parecido el procedimiento al anterior resuélvelo

- $\left(\dfrac{16}{40}\right)^{(x-1)}=\left(\dfrac{20}{125}\right)^{(6x-5)}$

→$\left(\dfrac{2}{5}\right)^{(x-1)}=\left(\dfrac{4}{25}\right)^{(6x-5)}$

→$\left(\dfrac{2}{5}\right)^{(x-1)}=\left(\dfrac{2}{5}\right)^{2(6x-5)}$

→ $x-1=12x-10$ → $11x=9$

→ $x=\dfrac{9}{11}$

Justifica cada afirmación.

Para resolver una ecuación exponencial se utiliza, particularmente:

- $a^x = a^y \rightarrow x=y$
- Leyes de la potenciación y/o de la radicación.
- Propiedades de los logaritmos
- Sustitución de variables
- Todos los métodos conocidos según la forma polinómica que tenga el exponente.
- Simplificaciones …
  Algo se evidencio, en los ejemplos anteriores

Por otra parte, también esta exponencial forma inecuaciones exponenciales y para su resolución, además de los métodos ya conocidos se destacan particularmente los siguientes casos:

1) Si la base es mayor que la unidad; a>1 entonces se mantiene el sentido de la desigualdad

1.1) $a^x < a^y \rightarrow X<Y$
1.2) $a^x > a^y \rightarrow X>Y$
1.3) $a^x \leq a^y \rightarrow X \leq Y$
1.4) $a^x \geq a^y \rightarrow X \geq Y$

3) Si la base es menor que la unidad y mayor que cero; $0<x<1$ entonces cambia el sentido de la desigualdad

2.1) $a^x < a^y \;\to\; X>Y$

2.2) $a^x \leq a^y \;\to\; X \geq Y$

2.3) $a^x > a^y \;\to\; X<Y$

2.4) $a^x \geq a^y \;\to\; X \leq Y$

Por ejemplo:

$$\left(\frac{1}{2}\right)^{|x-3|} < \frac{1}{8}$$

Afirmación	Justificación
$\rightarrow \left(\dfrac{1}{2}\right)^{|x-3|} < \left(\dfrac{1}{2}\right)^{3}$	Por potenciación
$\rightarrow \|x-3\| > 3$	Potencias de iguales bases menor que uno cambia el sentido de la desigualdad
$\rightarrow$ x-3>3 v x-3 < -3	Por $\|x\|$>a $\rightarrow$ x>a v x<-a
$\rightarrow$ x>6 v x<0	Por postulados del algebra
Solución: x∈(6,∞)∪(-∞,0)	

Relación entre logaritmación y exponenciación.

La primera se observa en sus definiciones;

$a^x = b$ Exponencial **con** base a $a > 0$ y $a \neq 1$

$\log_a b = x$ Logaritmo **de** o **en** base a $a > 0$ y $a \neq 1$

Un logaritmo es inverso de un exponencial y un exponencial es inverso de un logaritmo.

Nótese que:

a) la base del logaritmo elevado al logaritmo (resultado de la logaritmación) es igual al argumento del logaritmo; esto es $a^x = b$; el exponencial

b) La base del logaritmo es la base del exponencial.

c) El argumento en la logaritmación, (b), es el resultado del exponencial.

d) El logaritmo (resultado de la logaritmación), es el exponente del exponencial

Se puede destacar lo mencionado en situaciones donde para resolver una ecuación de tipo exponencial se recurre al logaritmo, por ejemplo, cuando en ambos lados de la ecuación no es posible expresarlos como exponenciales de base iguales así:

$6^{x+1}=2^x$

Afirmaciones	Justificaciones
$\text{Log} 6^{x+1} = \text{Log} 2^x$	Aplic. log en ambos lados no se altera la ecuación
$(x+1)\text{Log} 6 = x\text{Log} 2$	Prop. de log de una potencia
$x\text{Log} 6 + \text{Log} 6 = x\text{Log} 2$	Distributividad
$x\text{Log} 6 - x\text{Log} 2 = -\text{Log} 6$	Transponiendo términos
$x(\text{Log} 6 - \text{Log} 2) = -\text{Log} 6$	Factor común
$x\log \frac{6}{2} = -\text{Log} 6$	Logaritmo de un cociente
$x\text{Log} 3 = -\text{Log} 6$	División
$x = -\dfrac{\text{Log } 6}{\text{Log } 3}$	Despeje
$x \cong -1{,}63$	Cálculo aproximado

o en sentido contrario; donde se plantea una ecuación exponencial para obtener un logaritmo,

por ejemplo:

Obtener $\log_2 \dfrac{1}{64}$

$\log_2 \dfrac{1}{64} = x \rightarrow$

$2^x = \dfrac{1}{64} \quad \rightarrow$

$2^x = \dfrac{1}{2^6} \quad \rightarrow$

Serie Jelu –Ruemar

$2^x = 2^{-6}$ →

x =-6

∴ $\log_2 \frac{1}{64} = -6$

Justifica cada afirmación.

©
copyright
Todos los derechos reservados

2019 **1912032611668**

Primera edición.

Serie Jelu –Ruemar

www.ingramcontent.com/pod-product-compliance
Lightning Source LLC
Chambersburg PA
CBHW070842220526
45466CB00002B/855